MÄNNER
KALENDER

Published 2015 by LULU.com

ISBN 9781326383909

Frühere Titel (Ausgabe 2014)

Peter Redvoort:

"Der alternative Männerkalender. Für 2015 2016 2017 2018 2019 2020 2021 2022 2023 2024 2025 .."

LIEBER MANN,

dieser Kalender soll Dich zweiundfünfzig Wochen lang an **sieben Ziele** erinnern, die wohl für all jene Männer des einundzwanzigsten Jahrhunderts relevant sind, die sich für eine bessere Zukunft dieser Welt einsetzen wollen.

Denn diese Welt kann nur dann besser werden, wenn Männer ihre spezifische Verantwortung für einige der aktuellen Probleme erkennen und auch wahrnehmen.

Diese sieben Themen sind auf den folgenden Seiten beschrieben:

1. EIN SOZIAL-ÖKOLOGISCHES KARRIEREKONZEPT ENTWICKELN

Viele Männer verstehen unter Karriere unhinterfragt einen Weg "nach oben": hin zu einer höheren Position, hin zu einem besseren Gehalt, zu einem höheren gesellschaftlichen Status.

Manchmal führt eine solche Karrieredefinition zu einer rücksichtslosen Konkurrenz, zur Zerstörung der Umwelt und zur Ausbeutung von Natur und Menschen – auch die eigene Familie und Freundschaften können dabei auf der Strecke bleiben.

Ein sozial-ökologisches Karrierekonzept wird sich an den eigenen Talenten orientieren und in einem ganz persönlichen "Mission Statement" ausdrücken für wen oder was man diese Talente einsetzen möchte. Und es muss Grenzen definieren, gegenüber der Freiheit und der Würde anderer Menschen und der Natur. Auch die Prioritäten, die man im Privatleben setzen will sollten definiert werden, um Familie und Freunde nicht zu vernachlässigen.

2. GLEICHBERECHTIGTE PARTNERSCHAFT LEBEN

Wer als Mann erkennt, dass Gleichberechtigung zwischen Frauen und Männern ein Wesensmerkmal von gerechten Gesellschaften ist, wird auch im Privatleben eine gleichberechtigte Beziehung führen. Das muss keine 50/50 Vereinbarung für alle Arbeitsbereiche im Haushalt und bei der Kindererziehung (falls Kinder vorhanden sind) sein, jedoch müssen Vereinbarungen getroffen werden, mit denen auch die Partnerin*) gleiche Chancen auf eine persönliche und berufliche Entwicklung hat, wenn sie das möchte.

Der Slogan "Das Private ist politisch" gilt noch immer: Wer nach außen hin Gleichberechtigung predigt, sich jedoch im Privatleben über Bedürfnisse der Partnerin hinwegsetzt, ist unglaubwürdig.

*) da es hier um die Gleichberechtigung von Frauen und Männern geht, sind hier nur heterosexuelle Liebesbeziehungen gemeint.

3. DIE VIELSEITIGKEIT DER MÄNNLICHKEITEN ERKENNEN UND VERTRETEN

Männlichkeit ist in Mitteleuropa nicht mehr einheitlich definiert: Wer mit offenen Augen durch eine Großstadt geht, erkennt eine Vielzahl von unterschiedlichen männlichen Lebensentwürfen:

Der Bankangestellte sitzt in der U-Bahn neben dem Bauarbeiter, der Student neben dem Krankenpfleger, der Biker in Lederkluft fährt neben dem Radfahrer im Öko-Outfit und neben glänzenden Limousinen von Managern.

Ein moderner Mann ist sich dieser Vielseitigkeit der Männlichkeiten bewusst: er wird diese Vielseitigkeit überall dort vertreten, wo Männer (und Jungs bzw. junge Männer) mit Abwertungen wie "Warmduscher, Feigling, Memme" in ein altmodisches, starres Männlichkeitsideal gedrängt werden, im Besonderen, wenn es um Abwertung von homosexuellen Männern geht.

4. MÄNNERGEWALT THEMATISIEREN

Die meisten Männer sind nicht gewalttätig. Trotzdem fällt auf, dass an Gewaltakten sehr oft Männer beteiligt sind:

Im Privatbereich können das geschlagene Frauen und Kinder sein, in der Öffentlichkeit gewalttätige männliche Jugendliche und Erwachsene. Und in größeren Zusammenhängen sind es meist Männer, die Kriege und Terror anzetteln oder daran beteiligt sind.

Daneben gibt es psychische und strukturelle Gewalt: Repressionen in der Politik, Rücksichtslosigkeit im Beruf, verbale Gewalt in Beziehungen und nicht zu vergessen: Gewaltszenen in der Pornographie.

Ein moderner, friedlicher Mann wird nicht schweigen, wenn von Gewalt erfährt. Er kann – auch durch Postings im Internet und auf Social Media Plattformen – bekräftigen, dass auch Männer sich gegen Männergewalt aussprechen.

5. FÜR GESCHLECHTERBALANCE EINTRETEN

Von Gleichberechtigung im Privatleben war bereits die Rede. Aber auch im Berufsleben und in der Politik sollte Chancengleichheit von Frauen und Männern eine Selbstverständlichkeit werden.

In der Diskussion um Frauenquoten wurde leider oft vergessen zu erwähnen, dass gemischtgeschlechtliche Teams und Länder mit höherer Gleichberechtigung meist erfolgreicher sind. Managementliteratur (z.B. von Avivah Wittenberg-Cox) beweist das genauso wie der Vergleich internationaler Statistiken (Buch "Gender Balance" von Peter Jedlicka).

Und dass eine männerdominierte Politik anfällig für Skandale ist, muss man nicht wohl nicht weiter ausführen.

Männer sollten diese Tatsachen zur Sprache bringen, wenn von beruflicher oder politischer Benachteiligung von Frauen die Rede ist.

Und, Hand aufs Herz: Ist nicht auch das Privatleben mit einer gut ausgebildeten und gleich gut verdienenden Partnerin viel interessanter und angenehmer?

6. GEGEN SEXISMUS PROTESTIEREN

Die Werbung arbeitet noch immer damit: stereotype Bilder von Männern (stark, erfolgreich, emotionslos) und Frauen (familienorientiert, hübsches Beiwerk, Hauptsache sexy) blitzen von Plakaten und natürlich fast permanent von Internetseiten auf denen rotierend die unterschiedlichsten Werbebanner eingeblendet werden.

Was Männer auf den ersten Blick oft fasziniert (sowohl eine starke, attraktive Männlichkeit als auch die Erotik der dargestellten Frauen) stellt ihnen gleichzeitig ein Armutszeugnis aus, nämlich: dass sie sich mit Klischees – und mit attraktiven Frauen die neben Produkten abgebildet sind - fast alles verkaufen lassen.

Moderne Männer werden gegen Sexismus protestieren (im Internet nach "Sexismus Watchgroup" oder "Meldestelle für Sexismus" suchen), denn Sexismus ist ein Rückschritt für die vielfältige Männlichkeit und Weiblichkeit, die in modernen Ländern möglich ist.

Speziell für die jetzt heranwachsenden Jungs und Mädchen, die besonders häufig digitale Medien nutzen, ist sexistische Werbung problematisch, da sie ungefiltert auf noch unsichere Persönlichkeiten trifft.

7. MÄNNERFREUNDSCHAFTEN, AKTIVE VATERSCHAFT UND GROßVATERSCHAFT, MENTORING

Mitfühlende und friedliche Männer wird es in Zukunft nur dann geben, wenn die Empathie zwischen Männern steigt:

Männerfreundschaften: So mancher Mann erkennt erst in der Pension oder nach einer Scheidung/Trennung, dass er nie Männerfreundschaften gepflegt hat und nun ziemlich alleine dasteht: Es lohnt sich, vertrauensvolle Freundschaften mit Männern zu pflegen, zu reaktivieren oder neu zu knüpfen: Männergruppen (Männerselbserfahrungsgruppen) können ein guter Startpunkt dafür sein, aber auch in sozialen Netzwerken findet man gute alte Freunde vielleicht wieder.

Aktive Vaterschaft: Wer Vater wird, sollte sich Zeit nehmen für seine Kinder: einerseits aus egoistischen Gründen – um die schönen Momente der Entwicklung der eigenen Kinder mitzuerleben, und vielleicht eine berufliche Routine durch Karenz zu unterbrechen.

Andererseits weiß jeder, der sich ein wenig mit Psychologoie und Psychotherapie befasst hat, dass eine Kindheit, die von Geborgenheit und Aufmerksamkeit geprägt ist, tatsächlich das Fundament für ein "glückliches Leben" darstellt – und für Resilienz in späteren Krisenzeiten.

Großväter: Und wer selbst doch keine Gelegenheit für aktive Vaterschaft hatte, kann dies ein wenig als aktiver Großvater nachholen: Es macht Spaß und kann frühere Verletzungen heilen – jene der eigenen Kindheit, und jene mit den eigenen Kindern.

Mentoring: Wer keine eigenen Kinder oder Enkel hat, trifft trotzdem vielleicht einmal auf einen Jungen – oder jungen Mann – der offensichtlich einen erwachsenen männlichen Unterstützer gut brauchen könnte: für schulische Belange oder in der Freizeit.

Wer als Mann freie Zeit zur Verfügung hat, kann hier ehrenamtlich als Mentor Impulse für eine empathische Männlichkeit setzen. Im Sport sind solche Männer bereits oft sehr engagiert als Trainer zu finden, warum nicht auch in anderen Bereichen.

Manche sozialpädagogischen Vereine suchen bereits solche ehrenamtlichen Betreuer / Buddies – gerade in einer Zeit, in der es viele Alleinerziehende gibt, die nicht ausreichend Zeit für die Jungs haben.

BEGINN

DES

KALENDERS

Letzte Vorjahreswoche von	bis

MONTAG – Karrierekonzept

....
....
....
....
....
....

DIENSTAG - Partnerschaft

....
....
....
....
....
....

MITTWOCH – Männlichkeiten

....
....
....
....
....
....

DONNERSTAG - Männergewalt

....
....
....
....
....
....

FREITAG - Geschlechterbalance

....
....
....
....
....
....

SAMSTAG - Sexismus

....
....
....
....
....

SONNTAG – Freunde Kinder Mentoring

....
....
....
....

1.Woche von	bis

MONTAG – Karrierekonzept

....
....
....
....
....
....

DIENSTAG - Partnerschaft

....
....
....
....
....
....

MITTWOCH – Männlichkeiten

....
....
....
....
....
....

DONNERSTAG - Männergewalt

....
....
....
....
....
....

FREITAG - Geschlechterbalance

....
....
....
....
....
....

SAMSTAG - Sexismus

....
....
....
....
....

SONNTAG – Freunde Kinder Mentoring

....
....
....
....

2.Woche von   bis

MONTAG – Karrierekonzept

....
....
....
....
....
....

DIENSTAG - Partnerschaft

....
....
....
....
....
....

MITTWOCH – Männlichkeiten

....
....
....
....
....
....

DONNERSTAG - Männergewalt

....
....
....
....
....
....

FREITAG - Geschlechterbalance

....
....
....
....
....
....

SAMSTAG - Sexismus

....
....
....
....
....

SONNTAG – Freunde Kinder Mentoring

....
....
....
....

3. Woche von	bis

MONTAG – Karrierekonzept

....
....
....
....
....
....

DIENSTAG - Partnerschaft

....
....
....
....
....
....

MITTWOCH – Männlichkeiten

....
....
....
....
....
....

DONNERSTAG - Männergewalt

....
....
....
....
....
....

FREITAG - Geschlechterbalance

....
....
....
....
....
....

SAMSTAG - Sexismus

....
....
....
....
....

SONNTAG – Freunde Kinder Mentoring

....
....
....
....

4. Woche von   bis

MONTAG – Karrierekonzept

....
....
....
....
....
....

DIENSTAG - Partnerschaft

....
....
....
....
....
....

MITTWOCH – Männlichkeiten

....
....
....
....
....
....

DONNERSTAG - Männergewalt

....
....
....
....
....
....

FREITAG - Geschlechterbalance

....
....
....
....
....
....

SAMSTAG - Sexismus

....
....
....
....
....

SONNTAG – Freunde Kinder Mentoring

....
....
....
....

5. Woche von	bis

MONTAG – Karrierekonzept

....
....
....
....
....
....

DIENSTAG - Partnerschaft

....
....
....
....
....
....

MITTWOCH – Männlichkeiten

....
....
....
....
....
....

DONNERSTAG - Männergewalt

....
....
....
....
....
....

FREITAG - Geschlechterbalance

....
....
....
....
....
....

SAMSTAG - Sexismus

....
....
....
....
....

SONNTAG – Freunde Kinder Mentoring

....
....
....
....

| 6. Woche von   bis |

MONTAG – Karrierekonzept

....
....
....
....
....
....

DIENSTAG - Partnerschaft

....
....
....
....
....
....

MITTWOCH – Männlichkeiten

....
....
....
....
....
....

DONNERSTAG - Männergewalt

....
....
....
....
....
....

FREITAG - Geschlechterbalance

....
....
....
....
....
....

SAMSTAG - Sexismus

....
....
....
....
....

SONNTAG – Freunde Kinder Mentoring

....
....
....
....

| 7.Woche von   bis |

MONTAG – Karrierekonzept

....
....
....
....
....
....

DIENSTAG - Partnerschaft

....
....
....
....
....
....

MITTWOCH – Männlichkeiten

....
....
....
....
....
....

DONNERSTAG - Männergewalt

....
....
....
....
....
....

FREITAG - Geschlechterbalance

....
....
....
....
....
....

SAMSTAG - Sexismus

....
....
....
....
....

SONNTAG – Freunde Kinder Mentoring

....
....
....
....

8.Woche von	bis

MONTAG – Karrierekonzept

....
....
....
....
....
....

DIENSTAG - Partnerschaft

....
....
....
....
....
....

MITTWOCH – Männlichkeiten

....
....
....
....
....
....

DONNERSTAG - Männergewalt

....
....
....
....
....
....

FREITAG - Geschlechterbalance

....
....
....
....
....
....

SAMSTAG - Sexismus

....
....
....
....
....

SONNTAG – Freunde Kinder Mentoring

....
....
....
....

MONTAG – Karrierekonzept

....
....
....
....
....
....

DIENSTAG - Partnerschaft

....
....
....
....
....
....

MITTWOCH – Männlichkeiten

....
....
....
....
....
....

DONNERSTAG - Männergewalt

....
....
....
....
....
....

FREITAG - Geschlechterbalance

....
....
....
....
....
....

SAMSTAG - Sexismus

....
....
....
....
....

SONNTAG – Freunde Kinder Mentoring

....
....
....
....

MONTAG – Karrierekonzept

....
....
....
....
....
....

DIENSTAG - Partnerschaft

....
....
....
....
....
....

MITTWOCH – Männlichkeiten

....
....
....
....
....
....

DONNERSTAG - Männergewalt

....
....
....
....
....
....

FREITAG - Geschlechterbalance

....
....
....
....
....
....

SAMSTAG - Sexismus

....
....
....
....
....

SONNTAG – Freunde Kinder Mentoring

....
....
....
....

11.Woche von	bis

MONTAG – Karrierekonzept

....
....
....
....
....
....

DIENSTAG - Partnerschaft

....
....
....
....
....
....

MITTWOCH – Männlichkeiten

....
....
....
....
....
....

DONNERSTAG - Männergewalt

....
....
....
....
....
....

FREITAG - Geschlechterbalance

....
....
....
....
....
....

SAMSTAG - Sexismus

....
....
....
....
....

SONNTAG – Freunde Kinder Mentoring

....
....
....
....

12.Woche von   bis

MONTAG – Karrierekonzept

....
....
....
....
....
....

DIENSTAG - Partnerschaft

....
....
....
....
....
....

MITTWOCH – Männlichkeiten

....
....
....
....
....
....

DONNERSTAG - Männergewalt

....
....
....
....
....
....

FREITAG - Geschlechterbalance

....
....
....
....
....
....

SAMSTAG - Sexismus

....
....
....
....
....

SONNTAG – Freunde Kinder Mentoring

....
....
....
....

MONTAG – Karrierekonzept

....
....
....
....
....
....

DIENSTAG - Partnerschaft

....
....
....
....
....
....

MITTWOCH – Männlichkeiten

....
....
....
....
....
....

DONNERSTAG - Männergewalt

....
....
....
....
....
....

FREITAG - Geschlechterbalance

....
....
....
....
....
....

SAMSTAG - Sexismus

....
....
....
....
....

SONNTAG – Freunde Kinder Mentoring

....
....
....
....

MONTAG – Karrierekonzept

....
....
....
....
....
....

DIENSTAG - Partnerschaft

....
....
....
....
....
....

MITTWOCH – Männlichkeiten

....
....
....
....
....
....

DONNERSTAG - Männergewalt

....
....
....
....
....
....

FREITAG - Geschlechterbalance

....
....
....
....
....
....

SAMSTAG - Sexismus

....
....
....
....
....

SONNTAG – Freunde Kinder Mentoring

....
....
....
....

MONTAG – Karrierekonzept

....
....
....
....
....
....

DIENSTAG - Partnerschaft

....
....
....
....
....
....

MITTWOCH – Männlichkeiten

....
....
....
....
....
....

DONNERSTAG - Männergewalt

....
....
....
....
....
....

FREITAG - Geschlechterbalance

....
....
....
....
....
....

SAMSTAG - Sexismus

....
....
....
....
....

SONNTAG – Freunde Kinder Mentoring

....
....
....
....

16. Woche von	bis

MONTAG – Karrierekonzept

....
....
....
....
....
....

DIENSTAG - Partnerschaft

....
....
....
....
....
....

MITTWOCH – Männlichkeiten

....
....
....
....
....
....

DONNERSTAG - Männergewalt

....
....
....
....
....
....

FREITAG - Geschlechterbalance

....
....
....
....
....
....

SAMSTAG - Sexismus

....
....
....
....
....

SONNTAG – Freunde Kinder Mentoring

....
....
....
....

17.Woche von	bis

MONTAG – Karrierekonzept

....
....
....
....
....
....

DIENSTAG - Partnerschaft

....
....
....
....
....
....

MITTWOCH – Männlichkeiten

....
....
....
....
....
....

DONNERSTAG - Männergewalt

....
....
....
....
....
....

FREITAG - Geschlechterbalance

....
....
....
....
....
....

SAMSTAG - Sexismus

....
....
....
....
....

SONNTAG – Freunde Kinder Mentoring

....
....
....
....

18. Woche von	bis

MONTAG – Karrierekonzept

....
....
....
....
....
....

DIENSTAG - Partnerschaft

....
....
....
....
....
....

MITTWOCH – Männlichkeiten

....
....
....
....
....
....

DONNERSTAG - Männergewalt

....
....
....
....
....
....

FREITAG - Geschlechterbalance

....
....
....
....
....
....

SAMSTAG - Sexismus

....
....
....
....
....

SONNTAG – Freunde Kinder Mentoring

....
....
....
....

19.Woche von	bis

MONTAG – Karrierekonzept

....
....
....
....
....
....

DIENSTAG - Partnerschaft

....
....
....
....
....
....

MITTWOCH – Männlichkeiten

....
....
....
....
....
....

DONNERSTAG - Männergewalt

....
....
....
....
....
....

FREITAG - Geschlechterbalance

....
....
....
....
....
....

SAMSTAG - Sexismus

....
....
....
....
....

SONNTAG – Freunde Kinder Mentoring

....
....
....
....

20.Woche von   bis

MONTAG – Karrierekonzept

....
....
....
....
....
....

DIENSTAG - Partnerschaft

....
....
....
....
....
....

MITTWOCH – Männlichkeiten

....
....
....
....
....
....

DONNERSTAG - Männergewalt

....
....
....
....
....
....

FREITAG - Geschlechterbalance

....
....
....
....
....
....

SAMSTAG - Sexismus

....
....
....
....
....

SONNTAG – Freunde Kinder Mentoring

....
....
....
....

21.Woche von	bis

MONTAG – Karrierekonzept

....
....
....
....
....
....

DIENSTAG - Partnerschaft

....
....
....
....
....
....

MITTWOCH – Männlichkeiten

....
....
....
....
....
....

DONNERSTAG - Männergewalt

....
....
....
....
....
....

FREITAG - Geschlechterbalance

....
....
....
....
....
....

SAMSTAG - Sexismus

....
....
....
....
....

SONNTAG – Freunde Kinder Mentoring

....
....
....
....

22. Woche von	bis

MONTAG – Karrierekonzept

....
....
....
....
....
....

DIENSTAG - Partnerschaft

....
....
....
....
....
....

MITTWOCH – Männlichkeiten

....
....
....
....
....
....

DONNERSTAG - Männergewalt

....
....
....
....
....
....

FREITAG - Geschlechterbalance

....
....
....
....
....
....

SAMSTAG - Sexismus

....
....
....
....
....

SONNTAG – Freunde Kinder Mentoring

....
....
....
....

| 23. Woche von | bis |

MONTAG – Karrierekonzept

....
....
....
....
....
....

DIENSTAG - Partnerschaft

....
....
....
....
....
....

MITTWOCH – Männlichkeiten

....
....
....
....
....
....

DONNERSTAG - Männergewalt

....
....
....
....
....
....

FREITAG - Geschlechterbalance

....
....
....
....
....
....

SAMSTAG - Sexismus

....
....
....
....
....

SONNTAG – Freunde Kinder Mentoring

....
....
....
....

24. Woche von	bis

MONTAG – Karrierekonzept

....
....
....
....
....
....

DIENSTAG - Partnerschaft

....
....
....
....
....
....

MITTWOCH – Männlichkeiten

....
....
....
....
....
....

DONNERSTAG - Männergewalt

....
....
....
....
....
....

FREITAG - Geschlechterbalance

....
....
....
....
....
....

SAMSTAG - Sexismus

....
....
....
....
....

SONNTAG – Freunde Kinder Mentoring

....
....
....
....

25. Woche von	bis

MONTAG – Karrierekonzept

....
....
....
....
....
....

DIENSTAG - Partnerschaft

....
....
....
....
....
....

MITTWOCH – Männlichkeiten

....
....
....
....
....
....

DONNERSTAG - Männergewalt

....
....
....
....
....
....

FREITAG - Geschlechterbalance

....
....
....
....
....
....

SAMSTAG - Sexismus

....
....
....
....
....

SONNTAG – Freunde Kinder Mentoring

....
....
....
....

MONTAG – Karrierekonzept

....
....
....
....
....
....

DIENSTAG - Partnerschaft

....
....
....
....
....
....

MITTWOCH – Männlichkeiten

....
....
....
....
....
....

DONNERSTAG - Männergewalt

....
....
....
....
....
....

FREITAG - Geschlechterbalance

....
....
....
....
....
....

SAMSTAG - Sexismus

....
....
....
....
....

SONNTAG – Freunde Kinder Mentoring

....
....
....
....

MONTAG – Karrierekonzept

....
....
....
....
....
....

DIENSTAG - Partnerschaft

....
....
....
....
....
....

MITTWOCH – Männlichkeiten

....
....
....
....
....
....

DONNERSTAG - Männergewalt

....
....
....
....
....
....

FREITAG - Geschlechterbalance

....
....
....
....
....
....

SAMSTAG - Sexismus

....
....
....
....
....

SONNTAG – Freunde Kinder Mentoring

....
....
....
....

28.Woche von	bis

MONTAG – Karrierekonzept

....
....
....
....
....
....

DIENSTAG - Partnerschaft

....
....
....
....
....
....

MITTWOCH – Männlichkeiten

....
....
....
....
....
....

DONNERSTAG - Männergewalt

....
....
....
....
....
....

FREITAG - Geschlechterbalance

....
....
....
....
....
....

SAMSTAG - Sexismus

....
....
....
....
....

SONNTAG – Freunde Kinder Mentoring

....
....
....
....

MONTAG – Karrierekonzept

....
....
....
....
....
....

DIENSTAG - Partnerschaft

....
....
....
....
....
....

MITTWOCH – Männlichkeiten

....
....
....
....
....
....

DONNERSTAG - Männergewalt

....
....
....
....
....
....

FREITAG - Geschlechterbalance

....
....
....
....
....
....

SAMSTAG - Sexismus

....
....
....
....
....

SONNTAG – Freunde Kinder Mentoring

....
....
....
....

30. Woche von	bis

MONTAG – Karrierekonzept

....
....
....
....
....
....

DIENSTAG - Partnerschaft

....
....
....
....
....
....

MITTWOCH – Männlichkeiten

....
....
....
....
....
....

DONNERSTAG - Männergewalt

....
....
....
....
....
....

FREITAG - Geschlechterbalance

....
....
....
....
....
....

SAMSTAG - Sexismus

....
....
....
....
....

SONNTAG – Freunde Kinder Mentoring

....
....
....
....

31.Woche von	bis

MONTAG – Karrierekonzept

....
....
....
....
....
....

DIENSTAG - Partnerschaft

....
....
....
....
....
....

MITTWOCH – Männlichkeiten

....
....
....
....
....
....

DONNERSTAG - Männergewalt

....
....
....
....
....
....

FREITAG - Geschlechterbalance

....
....
....
....
....
....

SAMSTAG - Sexismus

....
....
....
....
....

SONNTAG – Freunde Kinder Mentoring

....
....
....
....

32.Woche von	bis

MONTAG – Karrierekonzept

....
....
....
....
....
....

DIENSTAG - Partnerschaft

....
....
....
....
....
....

MITTWOCH – Männlichkeiten

....
....
....
....
....
....

DONNERSTAG - Männergewalt

....
....
....
....
....
....

FREITAG - Geschlechterbalance

....
....
....
....
....
....

SAMSTAG - Sexismus

....
....
....
....
....

SONNTAG – Freunde Kinder Mentoring

....
....
....
....

MONTAG – Karrierekonzept

....
....
....
....
....
....

DIENSTAG - Partnerschaft

....
....
....
....
....
....

MITTWOCH – Männlichkeiten

....
....
....
....
....
....

DONNERSTAG - Männergewalt

....
....
....
....
....
....

FREITAG - Geschlechterbalance

....
....
....
....
....
....

SAMSTAG - Sexismus

....
....
....
....
....

SONNTAG – Freunde Kinder Mentoring

....
....
....
....

MONTAG – Karrierekonzept

....
....
....
....
....
....

DIENSTAG - Partnerschaft

....
....
....
....
....
....

MITTWOCH – Männlichkeiten

....
....
....
....
....
....

DONNERSTAG - Männergewalt

....
....
....
....
....
....

FREITAG - Geschlechterbalance

....
....
....
....
....
....

SAMSTAG - Sexismus

....
....
....
....
....

SONNTAG – Freunde Kinder Mentoring

....
....
....
....

MONTAG – Karrierekonzept

....
....
....
....
....
....

DIENSTAG - Partnerschaft

....
....
....
....
....
....

MITTWOCH – Männlichkeiten

....
....
....
....
....
....

DONNERSTAG - Männergewalt

....
....
....
....
....
....

FREITAG - Geschlechterbalance

....
....
....
....
....
....

SAMSTAG - Sexismus

....
....
....
....
....

SONNTAG – Freunde Kinder Mentoring

....
....
....
....

MONTAG – Karrierekonzept

....
....
....
....
....
....

DIENSTAG - Partnerschaft

....
....
....
....
....
....

MITTWOCH – Männlichkeiten

....
....
....
....
....
....

DONNERSTAG - Männergewalt

....
....
....
....
....
....

FREITAG - Geschlechterbalance

....
....
....
....
....
....

SAMSTAG - Sexismus

....
....
....
....
....

SONNTAG – Freunde Kinder Mentoring

....
....
....
....

MONTAG – Karrierekonzept

....
....
....
....
....
....

DIENSTAG - Partnerschaft

....
....
....
....
....
....

MITTWOCH – Männlichkeiten

....
....
....
....
....
....

DONNERSTAG - Männergewalt

....
....
....
....
....
....

FREITAG - Geschlechterbalance

....
....
....
....
....
....

SAMSTAG - Sexismus

....
....
....
....
....

SONNTAG – Freunde Kinder Mentoring

....
....
....
....

MONTAG – Karrierekonzept

....
....
....
....
....
....

DIENSTAG - Partnerschaft

....
....
....
....
....
....

MITTWOCH – Männlichkeiten

....
....
....
....
....
....

DONNERSTAG - Männergewalt

....
....
....
....
....
....

FREITAG - Geschlechterbalance

....
....
....
....
....
....

SAMSTAG - Sexismus

....
....
....
....
....

SONNTAG – Freunde Kinder Mentoring

....
....
....
....

MONTAG – Karrierekonzept

....
....
....
....
....
....

DIENSTAG - Partnerschaft

....
....
....
....
....
....

MITTWOCH – Männlichkeiten

....
....
....
....
....
....

DONNERSTAG - Männergewalt

....
....
....
....
....
....

FREITAG - Geschlechterbalance

....
....
....
....
....
....

SAMSTAG - Sexismus

....
....
....
....
....

SONNTAG – Freunde Kinder Mentoring

....
....
....
....

40.Woche von	bis

MONTAG – Karrierekonzept

....
....
....
....
....
....

DIENSTAG - Partnerschaft

....
....
....
....
....
....

MITTWOCH – Männlichkeiten

....
....
....
....
....
....

DONNERSTAG - Männergewalt

....
....
....
....
....
....

FREITAG - Geschlechterbalance

....
....
....
....
....
....

SAMSTAG - Sexismus

....
....
....
....
....

SONNTAG – Freunde Kinder Mentoring

....
....
....
....

41.Woche von   bis

MONTAG – Karrierekonzept

....
....
....
....
....
....

DIENSTAG - Partnerschaft

....
....
....
....
....
....

MITTWOCH – Männlichkeiten

....
....
....
....
....
....

DONNERSTAG - Männergewalt

....
....
....
....
....
....

FREITAG - Geschlechterbalance

....
....
....
....
....
....

SAMSTAG - Sexismus

....
....
....
....
....

SONNTAG – Freunde Kinder Mentoring

....
....
....
....

42.Woche von	bis

MONTAG – Karrierekonzept

....
....
....
....
....
....

DIENSTAG - Partnerschaft

....
....
....
....
....
....

MITTWOCH – Männlichkeiten

....
....
....
....
....
....

DONNERSTAG - Männergewalt

....
....
....
....
....
....

FREITAG - Geschlechterbalance

....
....
....
....
....
....

SAMSTAG - Sexismus

....
....
....
....
....

SONNTAG – Freunde Kinder Mentoring

....
....
....
....

MONTAG – Karrierekonzept

....
....
....
....
....
....

DIENSTAG - Partnerschaft

....
....
....
....
....
....

MITTWOCH – Männlichkeiten

....
....
....
....
....
....

DONNERSTAG - Männergewalt

....
....
....
....
....
....

FREITAG - Geschlechterbalance

....
....
....
....
....
....

SAMSTAG - Sexismus

....
....
....
....
....

SONNTAG – Freunde Kinder Mentoring

....
....
....
....

44.Woche von	bis

MONTAG – Karrierekonzept

....
....
....
....
....
....

DIENSTAG - Partnerschaft

....
....
....
....
....
....

MITTWOCH – Männlichkeiten

....
....
....
....
....
....

DONNERSTAG - Männergewalt

....
....
....
....
....
....

FREITAG - Geschlechterbalance

....
....
....
....
....
....

SAMSTAG - Sexismus

....
....
....
....
....

SONNTAG – Freunde Kinder Mentoring

....
....
....
....

MONTAG – Karrierekonzept

....
....
....
....
....
....

DIENSTAG - Partnerschaft

....
....
....
....
....
....

MITTWOCH – Männlichkeiten

....
....
....
....
....
....

DONNERSTAG - Männergewalt

....
....
....
....
....
....

FREITAG - Geschlechterbalance

....
....
....
....
....
....

SAMSTAG - Sexismus

....
....
....
....
....

SONNTAG – Freunde Kinder Mentoring

....
....
....
....

MONTAG – Karrierekonzept

....
....
....
....
....
....

DIENSTAG - Partnerschaft

....
....
....
....
....
....

MITTWOCH – Männlichkeiten

....
....
....
....
....
....

DONNERSTAG - Männergewalt

....
....
....
....
....
....

FREITAG - Geschlechterbalance

....
....
....
....
....
....

SAMSTAG - Sexismus

....
....
....
....
....

SONNTAG – Freunde Kinder Mentoring

....
....
....
....

47.Woche von	bis

MONTAG – Karrierekonzept

....
....
....
....
....
....

DIENSTAG - Partnerschaft

....
....
....
....
....
....

MITTWOCH – Männlichkeiten

....
....
....
....
....
....

DONNERSTAG - Männergewalt

....
....
....
....
....
....

FREITAG - Geschlechterbalance

....
....
....
....
....
....

SAMSTAG - Sexismus

....
....
....
....
....

SONNTAG – Freunde Kinder Mentoring

....
....
....
....

48. Woche von	bis

MONTAG – Karrierekonzept

....
....
....
....
....
....

DIENSTAG - Partnerschaft

....
....
....
....
....
....

MITTWOCH – Männlichkeiten

....
....
....
....
....
....

DONNERSTAG - Männergewalt

....
....
....
....
....
....

FREITAG - Geschlechterbalance

....
....
....
....
....
....

SAMSTAG - Sexismus

....
....
....
....
....

SONNTAG – Freunde Kinder Mentoring

....
....
....
....

MONTAG – Karrierekonzept

....
....
....
....
....
....

DIENSTAG - Partnerschaft

....
....
....
....
....
....

MITTWOCH – Männlichkeiten

....
....
....
....
....
....

DONNERSTAG - Männergewalt

....
....
....
....
....
....

FREITAG - Geschlechterbalance

....
....
....
....
....
....

SAMSTAG - Sexismus

....
....
....
....
....

SONNTAG – Freunde Kinder Mentoring

....
....
....
....

50. Woche von   bis

MONTAG – Karrierekonzept

....
....
....
....
....
....

DIENSTAG - Partnerschaft

....
....
....
....
....
....

MITTWOCH – Männlichkeiten

....
....
....
....
....
....

DONNERSTAG - Männergewalt

....
....
....
....
....
....

FREITAG - Geschlechterbalance

....
....
....
....
....
....

SAMSTAG - Sexismus

....
....
....
....
....

SONNTAG – Freunde Kinder Mentoring

....
....
....
....

51.Woche von	bis

MONTAG – Karrierekonzept

....
....
....
....
....
....

DIENSTAG - Partnerschaft

....
....
....
....
....
....

MITTWOCH – Männlichkeiten

....
....
....
....
....
....

DONNERSTAG - Männergewalt

....
....
....
....
....
....

FREITAG - Geschlechterbalance

....
....
....
....
....
....

SAMSTAG - Sexismus

....
....
....
....
....

SONNTAG – Freunde Kinder Mentoring

....
....
....
....

MONTAG – Karrierekonzept

....
....
....
....
....
....

DIENSTAG - Partnerschaft

....
....
....
....
....
....

MITTWOCH – Männlichkeiten

....
....
....
....
....
....

DONNERSTAG - Männergewalt

....
....
....
....
....
....

FREITAG - Geschlechterbalance

....
....
....
....
....
....

SAMSTAG - Sexismus

....
....
....
....
....

SONNTAG – Freunde Kinder Mentoring

....
....
....
....

Restwoche von	bis

MONTAG – Karrierekonzept

....
....
....
....
....
....

DIENSTAG - Partnerschaft

....
....
....
....
....
....

MITTWOCH – Männlichkeiten

....
....
....
....
....
....

DONNERSTAG - Männergewalt

....
....
....
....
....
....

FREITAG - Geschlechterbalance

....
....
....
....
....
....

SAMSTAG - Sexismus

....
....
....
....
....

SONNTAG – Freunde Kinder Mentoring

....
....
....
....

Weitere Keywords für diese Publikation:

Männerkalender 1980, 1981, 1982, 1983, 1984, 1985, 1986, 1987, 1988, 1989, 1990, 1991, 1992, 1993, 1994, 1995, 1996, 1997, 1998, 1999, 2000, 2001, 2002, 2003, 2004, 2005, 2006, 2007, 2008, 2009, 2010, 2011, 2012, 2013, 2014

Kalender für Männer

Geburtstagsgeschenk für Männer

Weihnachtsgeschenk für Männer

Geschenk für Männer

Geschenk für ihn

Frauenkalender, Antisexismus,

Antisexistischer Männerkalender

Gender-Kalender

Gender Diversity

alternativer Männerkalender

White Ribbon Kampagne

Whiteribbon Campaign

Männergesundheit, Männerberatung, Männertherapie, Männercoaching

Sexismuswatchgroup

Männergruppe, männerselbsterfahrungsgruppe, männerselbsthilfegruppe

Klappentext:

Der "alternative" Männerkalender ist wieder da! In den 1980er und 90er Jahren war er – parallel zum feministischen Frauenkalender - das jährliche Nachschlagewerk der männerbewegten, antisexistischen Männer(gruppen)szene in Deutschland, Österreich und der Schweiz.

Jetzt ist er als immerwährender Kalender ein kleines Workbook für progressive Männer, die die Wichtigkeit der Gleichberechtigung erkannt haben und privat und beruflich am Thema dranbleiben wollen.

www.ingramcontent.com/pod-product-compliance
Lightning Source LLC
Chambersburg PA
CBHW072210170526
45158CB00002BA/531